COMMENT L'AIR A ÉTÉ LIQUÉFIÉ

RÉPONSE A l'ARTICLE

DE

M. J. JAMIN

Secrétaire perpétuel de l'Académie des Sciences

PAR

M. Sigismond de WROBLEWSKI

Docteur en Philosophie.
Professeur de physique à l'Université de Cracovie.
Membre de l'Académie des Sciences de Cracovie.
Membre honoraire de la Société de Physique et d'Histoire Naturelle de Genève
et de la Société des Amis des Sciences de Posen.
Membre de la Société des Naturalistes de Léopol et de la Société de Physique
de Paris.

PARIS

LIBRAIRIE DU LUXEMBOURG

RUE DES GRANDS-AUGUSTINS, 3

1885

A Monsieur J. JAMIN

Secrétaire perpétuel de l'Académie des Sciences

Monsieur,

Au mois de septembre dernier, je lisais dans la *Revue des Deux-Mondes* l'article où vous racontez : « Comment l'air a été liquéfié. » (1)

Il y a un an, en causant avec vous, dans le laboratoire de la Sorbonne, de la liquéfaction des gaz, vous m'avez dit que mon mémoire (2) sur cette question avait été généralement approuvé à Paris, parce qu'il y était pleinement rendu justice à M. Cailletet.

Je ne pouvais dès lors m'attendre à vous voir couvrir de l'autorité de votre nom des affirmations blessantes pour moi, et qui me placent dans la nécessité de rétablir l'exactitude des faits et d'en appeler au public.

Essayons d'analyser votre article.

Après avoir dit que les anciens n'ont jamais connu les corps gazeux et que l'existence de l'air ne fut sérieusement prouvée qu'au XVIIe siècle, vous commencez par exposer les découvertes des « quatre philosophes qui semblent avoir reçu la mission providentielle d'enseigner aux hommes les mystères de l'air », de Guericke, Mariotte, Pascal et Boyle.

---

(1) 1 Septembre 1884.

(2) Annales de chimie et de physique, série 6, vol. 1. p. 112.

Cette science, continuez-vous :

« avait besoin de se recueillir après un si grand effort ; on croyait n'avoir plus rien à y découvrir. Boyle et Mariotte auraient été bien étonnés si quelqu'un était venu leur dire que cet air dont ils avaient réglé les propriétés pouvait être réduit en un liquide semblabie à l'eau, même en un solide pareil à la neige. Il fallut près de deux siècles pour préparer cette nouvelle découverte : nous-même l'avons ignorée jusqu'au mois d'avril 1883, où l'Académie des sciences reçut de Cracovie ces deux dépêches successives :

« Oxygène liquéfié complètement : liquide incolore comme l'acide carbonique (9 avril). »

« Azote refroidi, liquéfié par détente : liquide incolore (16 avril).

« Wroblewski. »

Ainsi l'air avait donc été réduit à un volume mille ou quinze cents fois plus petit que dans les conditions ordinaires : il avait cessé d'être un gaz et pris l'apparence de l'eau. Ce stupéfiant résultat n'est que le dernier mot d'une longue suite de tentatives demeurées longtemps stériles : c'est le couronnement d'un édifice depuis longtemps commencé, auquel ont travaillé de nombreux ouvriers. Quel a été le rôle et le mérite de chacun d'eux ? C'est une longue histoire, bien connue des physiciens.

Cette histoire, vous la racontez ; je ne vous suivrai pas, Monsieur, dans le cours de votre récit, pressé que je suis d'arriver à l'objet du litige.

Après avoir exposé les recherches de MM. Cailletet et Pictet en 1877, vous répétez ce que vous aviez déjà dit cette même année, c'est-à-dire que si ces expériences ont démontré la possibilité de liquéfier l'oxygène, la liquéfaction même de ce gaz n'a pas encore été faite.

Pour réaliser cette liquéfaction, dites-vous, on n'avait eu

« qu'à chercher des moyens de réfrigération assez puissants et il fallait s'adresser à l'ébullition de gaz plus récalcitrants que l'acide carbonique ou le protoxyde d'azote. Dans cette intention, Cailletet étudia l'éthylène.

L'éthylène est un hydrogène bicarboné de même composition que le gaz de l'éclairage ; refroidi par l'acide carbonique jusqu'à — 73 degrés et comprimé à 56 atmosphères, l'éthylène se transforme aisément en un liquide qui bout dans l'air à la température de — 103 degrés, ce qui est une température encore trop élevée pour la recherche projetée : mais elle devait s'abaisser beaucoup en faisant l'expérience dans le vide. M. Cailletet se disposait à la tenter ; il avait annoncé son projet à tout le monde et faisait construire des appareils, lorsque l'Académie reçut les deux télégrammes que j'ai rapportés au commencement de cette étude. M. Wroblewski avait assisté dans le laboratoire de l'Ecole normale aux expériences de M. Cailletet, dont il acheta les appareils; il les emporta à Cracovie, s'assura la collaboration d'un collègue, M. Olszewski, et fit bouillir l'éthylène, non plus dans l'air, mais dans le vide de la machine pneumatique. Il vit sa température s'abaisser depuis —103 jusqu'à —150 degrés. C'était le plus grand froid qu'on eût encore obtenu; il était suffisant; le succès fut complet et l'on vit l'oxygène, comprimé préalablement dans un tube de verre, devenir un liquide permanent, avec ménisque bien dessiné.

Vous énumérez les découvertes qui ont été opérées et vous ajoutez :

En terminant, je ne puis m'empêcher d'aborder une question toujours délicate : A qui faut-il attribuer particulièrement le mérite d'avoir liquéfié les gaz? Sans contredit à Faraday dans le passé, et, dans le temps présent, à celui qui a construit les appareils nécessaires et qui a fait de ce sujet l'objet de ses constantes préoccupations, à M. Cailletet. Il est bien vrai qu'au dernier moment, deux hommes inconnus jusqu'alors, dont l'un avait assisté aux travaux de Cailletet et reçu ses confidences, lorsqu'il n'y avait presque plus rien à faire, se sont dépêchés d'exécuter l'expérience finale que Cailletet avait annoncée : ils ont fait œuvre d'ouvriers habiles, mais n'ont rien inventé, et, quoiqu'ils l'aient voulu, n'ont rien enlevé à Cailletet. En France, où les mœurs scientifiques ont gardé leur sévérité, l'opinion publique a défavorablement jugé ce procédé, et je suis heureux de m'appuyer sur le témoignage de notre regretté secrétaire perpétuel, M. Dumas. Voici un extrait de la dernière lettre qu'il écrivait de Cannes, à l'un de ses confrères, au sujet d'un prix à décerner :

« ... L'Académie décerne le prix Lacaze en ce moment. Elle se trouve en présence de candidats possibles, pouvant bien offrir des travaux de détail, bien faits, utiles à la science et dignes d'estime. Aucun d'eux ne sort de la ligne ordinaire.

« M. Cailletet m'a paru, au contraire, mériter ce prix comme ayant rendu le plus éminent service à la chimie générale, ou mieux encore à la philosophie naturelle, en créant l'admirable instrument au moyen duquel il a liquéfié quelques-uns des gaz les plus rebelles et rendu possible la liquéfaction de tous.

« Posée par Lavoisier, la question a été résolue par M. Cailletet, — j'allais dire par Cailletet : — L'air qui nous entoure peut être converti par le concours de la pression et du froid en un liquide comparable à l'eau.

« C'est un événement dont l'histoire de la science tiendra note : il lie à jamais les noms de Lavoisier, de Faraday et de Cailletet. Cependant les dernières expériences effectuées à Cracovie, en fixant l'attention sur deux émules de M. Cailletet, peuvent avoir pour résultat de faire attribuer aux heureux exploitants de ses procédés un mérite qui devait être réservé à leur inventeur.

« Il y a là une question d'équité en même temps qu'un intérêt patriotique. Je voudrais que l'Académie prît la décision de proclamer le service éclatant rendu par M. Cailletet en lui décernant le prix Lacaze ; il ne faut pas laisser le monde savant dans le doute sur le véritable auteur de la découverte qui range les gaz permanents au nombre des matières communes susceptibles de prendre à volonté l'état solide, liquide ou aériforme. — *Signé :* DUMAS. »

II

On a trop écrit sur mon séjour à l'Ecole Normale pour que je ne prenne pas enfin la parole à mon tour. En lisant votre article, on pourrait supposer que je ne me suis rendu à l'Ecole Normale que dans le but d'y voir M. Cailletet à l'œuvre, d'obtenir ses confidences; après quoi j'aurais acheté ses appareils, et, de retour à Cracovie, je me serais empressé d'exécuter l'expérience que M. Cailletet se disposait à tenter.

L'affaire s'est passée tout autrement.

A partir de l'année 1876, mon attention s'était portée sur la question concernant la nature de l'absorption des gaz par les liquides et les solides. Il y a, au sujet de ce phénomène, trois théories: la première posée par Dalton a été récemment développée d'une manière très remarquable par l'un des plus illustres physiciens autrichiens, M. Stefan, de Vienne. D'après cette théorie, ce phénomène est essentiellement mécanique. Le gaz absorbé forme un mélange mécanique avec le corps absorbant et conserve, dans ce nouveau milieu, toutes les propriétés qui le caractérisent dans l'état que nous appelons état gazeux. La seconde théorie suppose que le gaz absorbé sous l'influence du corps absorbant, se liquéfie, et se trouve dans ce corps à l'état liquide. Cette théorie est très répandue en Angleterre, où elle était soutenue par Graham, et on lit encore de nos jours, dans les traités anglais de physique et de chimie, que lorsque l'hydrogène passe par un tube de platine chauffé au rouge il se trouve en y passant à l'état liquide. Enfin, la troisième théorie fondée encore au commencement de ce siècle par les adversaires de Dalton, considère les phénomènes d'absorption comme purement chimiques.

Après avoir établi les lois de la diffusion des gaz dans des corps absorbants (1) et après avoir été sommé publiquement par J. Clerk-Maxwell (2) de continuer ces recherches, je me trouvais bientôt amené à traiter la question de la nature de l'absorption des gaz. Pour la résoudre, j'ai choisi d'abord la voie indiquée déjà par les recherches de MM. Exner et Stefan, c'est-à-dire, l'étude des phénomènes de l'absorption par l'étude des phénomènes de la diffusion des gaz dans les corps absorbants. Ayant établi les lois de la diffusion des gaz dans le caoutchouc, j'ai montré que ces lois ne diffèrent en rien des lois du passage des gaz par les diaphragmes poreux non absorbants, d'où il résultait que l'hypothèse de Graham était fausse et que les phénomènes dans le caoutchouc se passaient conformément aux opinions de Dalton et de M. Stefan (3). Quant à ce qui concerne les liquides, j'étais de l'avis que les phénomènes devaient y être beaucoup plus compliqués, et comme ils dépendent de la pression, je me décidai à étudier ces phénomènes sous de hautes pressions et à continuer mes recherches *jusqu'à la pression sous laquelle le gaz absorbé se liquéfie*, car c'est seulement en poussant l'étude jusqu'à cette pression qu'on pouvait voir si la théorie de Graham est juste ou non. Si elle est juste, le liquide doit se mélanger dans toutes les proportions avec le gaz liquéfié. Si elle est fausse, les liquides ne doivent pas se mélanger et l'absorption ne doit pas dépasser une certaine limite.

Pour réaliser ces expériences, j'ai imaginé un appareil. Ayant besoin de quelque mécanicien habile qui pût me construire l'appareil en question, je me rendis au commencement d'avril 1881 à Paris, où je connaissais de réputation M. Ducretet. Ce que j'avais à lui demander était com-

---

(1) Annales de Poggendorff, vol. 158, p. 539. — Annales de M. Wiedemann, vol. 2, p. 481; vol. 4, p. 268; vol. 7, p. 11.

(2) Nature anglaise, vol. 14 p. 24.

(3) Annales de Wiedemann, vol. 8, p. 29.

plètement nouveau. Dans les appareils de MM. Andrews et Cailletet pour la compression des gaz, on s'est servi seulement de tubes capillaires. Je demandais un appareil dans lequel je pourrais comprimer un gaz dans des tubes d'un diamètre intérieur de 15 millimètres, jusqu'à la pression de 40 à 50 atmosphères. M. Ducretet, après quelques hésitations, consentit à construire cet appareil; mais, comme nous n'étions pas sûrs du succès, j'eus besoin d'un laboratoire où je pus faire des essais. J'allais dans ce but à l'École-Normale avec l'intention de prier Sainte-Claire Deville de m'autoriser à faire ces essais dans son laboratoire. Mais il se trouvait à ce moment en Italie. Je m'adressais alors à M. Debray, qui me promit de m'obtenir l'autorisation de Sainte-Claire Deville. Il fut convenu que je reviendrais au mois d'août, c'est-à-dire, vers l'époque où M. Ducretet aurait déjà construit mon appareil.

J'appris à mon retour la mort de Sainte-Claire-Deville, et en même temps la nomination de M. Debray comme directeur du laboratoire. Je reçus de M. Debray l'accueil cordial et bienveillant que connaissent tous ceux qui ont été en relation avec lui. Afin de comprimer les gaz dans mon appareil, j'eus besoin d'une presse hydraulique; or, comme il n'y avait pas de presse convenable au laboratoire de M. Debray, et que je ne voulais pas être à la charge du laboratoire, j'achetai chez M. Ducretet une pompe Cailletet. Si je ne me trompe, c'était la trois centième pompe Cailletet qu'on eût vendue jusque-là. Ainsi donc, cet exemplaire historique sur l'achat duquel on a tant écrit a été commandé et acheté par moi presque un an avant que M. Cailletet ne soit venu à Paris pour y faire ses expériences avec l'éthylène.

Vous me reprochez d'avoir travaillé avec la pompe de M. Cailletet. Etrange reproche! Pourquoi donc la vend-on? Si je n'avais pas eu la pompe de M. Cailletet, j'en aurais acheté une autre. La pompe à compression n'est pas une invention de M. Cailletet. Pour être logique, selon vous, on devrait défendre à tout biologiste de se servir du microscope, puisque ce n'est pas sa propre invention.

La question de l'absorption des gaz m'obligeait à baser les recherches sur les mesures exactes des quantités des gaz sous de hautes pressions.

C'était un problème tout à fait nouveau. Jusqu'à présent, on a mesuré seulement les volumes des gaz sous de hautes pressions, mais jamais les quantités. La mesure de ces quantités exige qu'on connaisse la relation qui existe entre le volume, la pression et la température du gaz. Cette relation est parfaitement connue, grâce aux expériences de M. Andrews, seulement pour l'acide carbonique, et voilà pourquoi j'ai commencé mon étude par ce gaz. Comme liquide j'ai choisi l'eau.

L'expérience n'a pas tardé à me donner la réponse que je cherchais. L'acide carbonique liquéfié ne se mélangeait pas avec l'eau. L'absorption ne dépassait pas une certaine limite, et en saturant l'eau avec l'acide carbonique sous de hautes pressions et à une température basse, j'ai obtenu l'hydrate de l'acide carbonique. La question, dans ce cas spécial, était donc résolue au profit de la théorie chimique.

Cette découverte fit à Paris beaucoup de bruit. On pensa que la composition de cet hydrate correspondait à la formule : $CO^2 + H^2O$.

L'allocution de M. Debray, qui présenta, dans la séance du 30 janvier 1882, ma note à l'Académie, fut des plus chaleureuses. Wurtz vint me féliciter et M. Troost m'invita à répéter ces expériences pendant sa conférence à la Sorbonne, dans la salle où vous avez vos conférences et devant le même public qui suit vos cours. On m'invita, en outre, à les renouveler devant la Société de Physique.

Si, après tout cela et après une série de notes que j'ai publiées dans les *Comptes rendus* sur la composition de l'hydrate de l'acide carbonique (1), sur les lois de solubilité de l'acide carbonique dans l'eau sous de hautes pressions (2) et sur la relation qui existe entre les phénomènes de la capillarité et ceux de la solubilité des gaz dans les liquides (3), vous m'appelez « un homme inconnu », assurément je ne saurais être rendu responsable de la distraction que vous paraissez avoir apportée à lire

(1) Compt. rend., vol. 94, p. 954.
(2) Compt. rend., vol. 94, p. 1355.
(3) Compt. rend., vol. 95, p. 284 et 342.

mière de l'emploi de ce gaz ne lui appartienne pas. Je dois remarquer que vous avez émis un jugement fort juste sur M. Cailletet. « Ce n'est point un savant de profession, mais bien un curieux », dites-vous. Je pense comme vous que le mérite principal de M. Cailletet, c'est qu'étant un « homme de ressources », il veut se rendre utile à la science.

Vous avez raison de dire qu'il a échoué dans ses expériences sur l'éthylène. Il n'a pas su utiliser un moyen si puissant. Les dispositions prises par lui étaient telles qu'il n'a pu obtenir que quelques centimètres cubes d'éthylène sous la pression atmosphérique. Toute la partie technique était défectueuse. Comparez son mémoire sur l'éthylène (1), qui a été publié dans les *Annales de Chimie et de Physique*, avec mon mémoire sur la liquéfaction de l'oxygène, ou plutôt avec mon dernier mémoire « sur l'emploi de l'oxygène bouillant, de l'azote, de l'oxyde de carbone et de l'air atmosphérique comme moyens réfrigérants » (2), vous verrez alors l'énorme différence qui existe entre lui et moi au point de vue technique. Et c'est à ce côté technique qu'on doit attribuer le succès obtenu.

M. Cailletet n'a pu liquéfier l'oxygène en le refroidisssant par l'éthylène bouillant sous la pression atmosphérique, vu que cette température est de quinze degrés plus élevée que la température critique de l'oxygène. En détendant le gaz refroidi, il a vu seulement « une ébullition tumultueuse qui persiste pendant un temps appréciable et ressemble à la projection d'un liquide dans la partie du tube refroidi » (1).

Il y avait certes un moyen de liquéfier l'oxygène même avec l'éthylène bouillant sous la pression atmosphérique, et cela aurait été aussi simple que l'œuf de Colomb : c'était, le gaz une fois comprimé à 150 atmosphères, d'opérer une détente brusque, et après avoir diminué la pression, de s'arrêter sur la pression de 30 ou 40 atmosphères. Mais M. Cailletet n'a

(1) Annales de Chimie et de Physique. Série 5, vol. 28, p. 153.

(2) Ce mémoire a été présenté par M. Stefan dans la séance du 12 mars dernier devant l'Académie impériale des Sciences de Vienne, qui vient de le faire paraître dans *Monatshefte für Chemie und verwandte Theile anderer Wissenschaften. Gesammelte Abhandlungen aus den Sitzungsberichten der Kaiserlichen Akademie der Wissenschaften*. Livraison du mois de mars 1885.

(3) Compt. rend., vol. 94, p. 1226.

pas su le trouver. Cette méthode a été inventée par moi pour la liquéfaction de l'azote et de l'oxyde de carbone. Je les ai obtenus à l'état de liquides statiques, en les refroidissant jusqu'à —136 et en s'arrêtant avec la détente sous une certaine pression (1).

Vous dites que la température de l'ébullition de l'éthylène devait beaucoup s'abaisser en faisant l'expérience dans le vide. C'est juste. C'est une des notions les plus élémentaires et les plus connues de la physique. L'évaporation dans le vide a été déjà utilisée pour la liquéfaction des gaz par Faraday, M. Natterer et surtout par M. Raoul Pictet, dont les expériences, non suffisamment appréciées, appartiennent, quant à la méthode employée, aux plus belles qu'on ait faites dans notre siècle.

Mais vous prétendez plus loin que M. Cailletet se disposait à tenter une expérience dans le vide, qu'il avait annoncé son projet à tout le monde et faisait construire des appareils, lorsque l'Académie reçut mon télégramme annonçant la liquéfaction de l'oxygène.

A partir de mon départ de Paris, en septembre 1882, je ne pouvais savoir si M. Cailletet se disposait, oui ou non, à tenter une expérience. Mais je puis fournir des preuves que, pendant mon séjour à l'Ecole Normale et même beaucoup plus tard, M. Cailletet n'a pas pensé à cette expérience. Je n'ai du reste besoin pour cela que de vérifier ses publications.

Les expériences avec l'éthylène ont été exécutées aux mois de mars et avril 1882. Il décrit dans la note « sur l'emploi des gaz liquifiés et en particulier de l'éthylène, pour la production des basses températures » qu'il a présentée à l'Académie dans la séance du 1er mai 1882, ses efforts pour liquéfier l'oxygène, efforts restés infructueux. Il termine cette note par cette phrase remarquable : « J'espère qu'en condensant, au moyen des appareils dont je dispose, des gaz plus difficilement liquéfiables que l'éthylène,

(1) Comptes rend., vol. 96, p. 1225. C'est seulement après l'arrivée à Paris de ma note sur la liquéfaction de l'azote, où j'ai décrit la méthode employée, que M. Cailletet a fait cette expérience avec l'oxygène. Dans une lettre, dans laquelle on me décrit la séance de l'Académie des sciences du 23 avril 1883, se trouve le passage suivant : « M. Debray a donné lecture de votre note sur l'azote, après quoi il ajouta que M. Cailletet a obtenu le même résultat avec l'oxygène que vous avec l'azote ».

je pourrais reculer encore la limite de ces froids extrêmes ». (1) S'il pouvait reculer cette limite par l'évaporation de l'éthylène dans le vide, pourquoi penser à la liquéfaction du formène, qui ne peut être liquéfié qu'à l'aide de l'éthylène ou au moins à l'aide de l'acide carbonique, et qui ne peut, pour cette raison, être obtenu en de si grandes quantités que l'éthylène ? C'est que M. Cailletet n'espérait pas pouvoir tirer un plus grand parti de l'éthylène. Après avoir publié cette note, M. Cailletet est resté encore plusieurs semaines à Paris, peut-être davantage, mais il n'a pas continué ses recherches, regardant la tentative comme avortée. Vers le commencement du mois de juillet, il fit enlever ses appareils et les renvoya à Châtillon-sur-Seine. C'est donc à tort qu'on prétendit dans la suite que M. Cailletet dut interrompre ses recherches, parce qu'il fut forcé de retourner à son service de Châtillon-sur-Seine. Il aurait pu y liquéfier l'oxygène aussi bien qu'à Paris, s'il avait connu seulement la manière dont il fallait procéder.

Dans le pli cacheté qu'il fit ouvrir dans la séance du 4 août 1884 et sur lequel je reviendrai bientôt, M. Cailletet s'exprime ainsi :

« ..... Je peux obtenir la liquéfaction de grandes quantités non-seulement d'acide carbonique, de protoxyde d'azote, mais encore de formène et d'éthylène dont les points critiques sont très inférieurs à ceux de l'acide carbonique ; j'ai donc à peu près la certitude d'obtenir des températures très basses en plongeant mes appareils dans ces gaz liquéfiés et *bouillant à la pression atmosphérique* (2). »

Il n'y a donc pas un mot touchant l'évaporation dans le vide.

Dans son mémoire sur l'éthylène (3) où il décrit avec les plus grands détails la manière de se servir de ce gaz comme moyen réfrigérant, on ne

---

(1) Comp. rend., vol. 94, p. 1226.

(2) Comp. rend., vol. 99, p. 215.

(3) Ce mémoire parut dans la livraison du mois de juin 1883. Mais il résulterait d'une lettre de M. Cailletet du 9 avril 1883, que je ferai connaître bientôt, que ce mémoire a été remis à la rédaction des *Annales de Chimie*, pour être imprimé encore avant avril 1883, c'est-à-dire avant que la nouvelle de la liquéfaction de l'oxygène ne fût arrivée à Paris. Or, on n'écrit de pareils mémoires qu'après avoir terminé un travail.

trouve aucun indice qui autorise la supposition que M. Cailletet eût l'idée d'évaporer l'éthylène dans le vide.

Enfin, comme dernière preuve, si ainsi que vous le prétendez, M. Cailletet était réellement occupé à préparer ses expériences, il n'avait qu'à en parler dans la séance du 16 avril 1883, au moment où on donnait lecture de ma note sur la liquéfaction de l'oxygène. Mais il n'en fit rien. Au contraire, interpellé par M. Blanchard, après qu'on eut donné lecture de ma dépêche annonçant la liquéfaction de l'azote, il répondit qu'il trouvait mon travail « très intéressant et très remarquable, » mais qu'il demandait que dans les *Comptes rendus* on fit mention de ses propres travaux, et voilà pourquoi Dumas fit précéder ma note d'une préface que nous verrons bientôt (1).

Ainsi donc votre assertion se résume par une contre-vérité.

En outre, n'oubliez pas, Monsieur, que les travaux de M.Cailletet ont été imprimés et publiés et qu'ils sont tombés par là dans le domaine public. Si M. Cailletet voulait se réserver exclusivement l'emploi de l'éthylène comme moyen réfrigérant, il n'avait qu'à ne faire paraitre aucune publication relative à ce gaz.

Je sais fort bien que, parmi vos confrères, il y en a qui pensent tout autrement.

On s'est fondé, par exemple, pour reprocher à M. Amagat d'avoir osé comprimer les gaz, sur la prétention de M. Cailletet de monopoliser la compression des gaz. Quant à nous, nous sommes d'un tout autre avis, et nous pensons que la science a beaucoup gagné aux expériences de M.Amagat. C'est grâce à ces expériences que M. Sarrau a pu faire ses calculs sur l'état critique des gaz, et je vous avouerai aussi que ces calculs m'ont rendu de grands services dans mon travail sur la liquéfaction des gaz. Conçoit-on, Monsieur, dans quel état serait à présent la science si Ampère n'avait pas eu le droit de s'occuper des expériences d'Oersted, si

(1) J'ai sous les yeux la description complète de cette séance, que m'a envoyée un témoin oculaire. Ce compte rendu dans lequel sont résumées toutes les allocutions tenues dans cette séance par MM. Dumas, Boussingault, Berthelot, Wurtz et Fremy, est en concordance parfaite avec les récits qu'a publiés la presse parisienne.

Faraday avait monopolisé l'induction, et si MM. Kirchhoff et Bunsen eussent agi de même avec l'analyse spectrale?

La science ne reconnait pas de monopole dans les recherches scientifiques, et si vous appelez cela « la dépravation des mœurs scientifiques, » le monde entier bénit de pareilles dépravations. Sans cette dépravation, dans quel état se trouveraient actuellement l'industrie scientifique et la prospérité matérielle de l'univers?

Enfin, entre le jour de la publication de la note de M. Cailletet sur l'emploi de l'éthylène (1er mai 1882) et l'arrivée à Paris de la nouvelle de la liquéfaction de l'oxygène (6 avril 1883), il s'était écoulé presque une année.

M. Cailletet a eu vraiment tout le loisir nécessaire pour tenter cette expérience, si toutefois ses dispositions devaient aboutir.

La liquéfaction des gaz ayant une connexion intime avec la question que j'avais étudiée auparavant et rentrant dans le programme de mes travaux (1) (vu que sans la liquéfaction des gaz on ne peut pas savoir si la théorie de Graham sur la nature de l'absorption est juste ou non), il était clair que je reprendrais la question là où elle avait été laissée par mes prédécesseurs Faraday, MM. Natterer, Raoul Pictet et Cailletet. Aussi n'y avait-il qu'à combiner le procédé de M. Cailletet avec celui de MM. Faraday, Natterer et Raoul Pictet, c'est-à-dire l'emploi de l'éthylène comme moyen réfrigérant et l'évaporation de ce gaz dans le vide.

J'ai quitté l'École Normale en septembre 1882, et je me rendis à Cracovie où l'on m'avait accordé la chaire de physique à l'Université. Avant de partir, je reçus de M. Debray la lettre ci-jointe :

---

(1) Dans mon mémoire sur l'absorption des gaz sous de hautes pressions, publié dans les Annales de M. Wiedemann (vol. 18, p. 291), la question est posée de la manière suivante : « La construction d'un appareil qui permettrait de mélanger en « agitant ensemble le liquide et le gaz sous de hautes pressions présente de telles « difficultés *qu'en me posant pour problème l'étude de l'absorption jusqu'aux pressions sous lesquelles les gaz se liquéfient*, je dus commencer par chercher un principe nouveau. »

« Portrieux Saint-Quay (Côtes-du-Nord).

« Mon Cher Monsieur,

« Au moment où vous allez quitter Paris, je tiens à vous envoyer du fond de la « Bretagne, où je suis avec ma famille, mes compliments affectueux et tous mes « souhaits.

« Vous avez commencé au Laboratoire de l'Ecole Normale une série remarqua- « ble de recherches, que j'ai été bien heureux de vous voir conduire avec autant « de persévérance que de talent. Votre belle découverte de l'acide carbonique hy- « draté, que tant de chimistes ont recherché sans le découvrir, la relation qui existe « entre la solubilité des gaz et les phénomènes de la capillarité, sont de beaux tra- « vaux, qui prennent place à côté de ceux qui ont fait la gloire du laboratoire « fondé et illustré par mon cher et illustre maître et prédécesseur H. Sainte-Claire- « Deville.

« Il est bien à désirer que, dans la résidence où vous allez vous établir comme « professeur, vous puissiez les continuer et leur donner tous les développements « qu'elles méritent. J'espère que les ressources matérielles ne vous arrêteront pas « dans vos recherches, qui doivent vous conduire à plus d'un résultat nouveau et « important.

« Agréez, mon cher Monsieur, l'assurance de mes sentiments affectueux et « dévoués.

H. Debray,
Membre de l'Institut.

« P.-S. — Je n'ai pas besoin de vous dire que si vous revenez à Paris, le labo- « ratoire de l'Ecole Normale vous est ouvert, et que nous y garderons un excellent « souvenir de votre séjour parmi nous.

« 17 août 1882. »

III

Vous prétendez qu'en France « où les mœurs scientifiques ont gardé leur sévérité », l'opinion publique a jugé défavorablement mon procédé, et vous êtes heureux de pouvoir vous appuyer sur le témoignage de Dumas.

Or, tout cela est faux. Car, Dumas, après avoir appris la liquéfaction de l'oxygène, fut le premier qui chargea M. Debray de m'envoyer ses félicitations, comme le prouve, du reste, le télégramme suivant :

Professeur Sigismond Wroblewski, Cracovie.

Mes félicitations et celles de M. Dumas.

DEBRAY.

Dans la séance de l'Académie, du 16 avril 1883, dans laquelle M. Debray a donné lecture de ma note sur la liquéfaction de l'oxygène, Dumas devança mon télégramme et ma note dans les *Comptes rendus* par la déclaration suivante :

M. le SECRÉTAIRE PERPÉTUEL annonce à l'Académie les résultats obtenus par M. Wroblewski sur l'oxygène et l'azote, qu'il est parvenu à liquéfier, en faisant usage des excellents appareils et des méthodes délicates mises à la disposition des chimistes par notre éminent correspondant M. Cailletet.

La liquéfaction de l'oxygène, annoncée simultanément par MM. Cailletet et Raoul Pictet, fit événement, et parmi nos confrères, beaucoup ont pu voir à cette époque, à l'Ecole Normale, M. Cailletet procéder, d'une manière qu'il est permis d'appeler élégante, à la conversion de l'oxygène gazeux en gouttelettes liquides, sous l'in-

fluence d'une pression considérable et d'un grand refroidissement. L'existence de ces gouttelettes était passagère. M. Wroblewski, après avoir assisté aux expériences de M. Cailletet et s'être familiarisé avec le maniement de ses appareils, ayant introduit dans leur emploi une modification heureuse, a pu obtenir l'oxygène sous forme d'un liquide permanent, comme on va le voir dans les documents suivants. On pourra donc en étudier les propriétés sous cette forme.

Et dans la séance du 16 juillet, quand M. Debray donna lecture de ma note sur la densité de l'oxygène liquide, Dumas fit imprimer aux *Comptes rendus* une remarque approbative de tout mon travail. Enfin, c'est le même Dumas qui fit imprimer ensuite dans les *Annales de Chimie et de Physique* mon mémoire sur la liquéfaction de l'oxygène.

J'ai sous les yeux presque tous les journaux de Paris qui contiennent des articles sur la liquéfaction des gaz et, nulle part, je ne vois de reproches s'élever contre moi. Je trouve au contraire des articles pleins d'enthousiasme, comme par exemple dans le *Journal des Débats* du 26 avril 1883 (1).

L'unique objection qu'on me fit dans cette séance et que vous reproduisez d'ailleurs dans votre article, c'était de m'être servi, dans mes travaux de l'appareil de M. Cailletet. Mais cette objection porte à faux. Je me suis servi de la pompe de M. Cailletet, mais non de son appareil. L'appareil dans lequel l'oxygène a été liquéfié est de ma construction ; il a été décrit dans mon mémoire. Si vous dites qu'il n'est que la copie de

---

(1) M. Meunier décrit ainsi dans la *Nature* (21 avril 1882), la séance de l'Académie du 16 avril 1882 : « La lecture de la dépêche de M. Wroblewski (sur la liquéfaction de l'azote) a produit une véritable émotion à l'Académie. Plusieurs membres paraissaient regretter que M. Cailletet se trouve ainsi dépassé en quelque sorte par un chimiste qu'il a formé (?); mais nous estimons que cela prouve seulement que le physicien de Châtillon ne fait pas seulement de bonnes expériences, mais qu'il fait aussi de bons élèves, ce qui est tout à son honneur ».

Les publicistes français puisent souvent leurs informations à mauvaise source. Je ne veux pas citer ici tous les racontars qui circulèrent sur mon compte dans les journaux de Paris : on prétendit que j'avais travaillé dans le laboratoire de M. Cailletet, que j'avais été son élève, etc. . .

Mais je ne puis laisser passer sous silence des inepties qui se sont glissées dans des œuvres telles que le dictionnaire de Wurtz où, dans l'article ayant pour titre « Oxygène » et signé de M. Salet, je trouve les paroles suivantes : « Deux(!) savants russes (?!) qui avaient assisté dans le laboratoire de M. Cailletet (?) aux belles expériences de celui-ci, etc. » Je ne m'étonne plus après cela que M. Dewar m'ait appelé dans le *Philosophical Magazine* « Russian Chemist. »

l'appareil de M. Cailletet, j'irai encore plus loin que vous, en disant qu'il est une copie de l'appareil de M. Colladon, et que l'appareil de M. Cailletet n'est également qu'une copie de l'appareil de M. Colladon, qui a été construit il y a plus d'un demi-siècle (1).

Mais d'ailleurs, que peut signifier cette objection, en face de la lettre suivante que j'ai reçue de M. Cailletet quelques jours après l'envoi à Paris de la nouvelle de la liquéfaction de l'oxygène?

« Cher Monsieur,

« Je voulais répondre depuis longtemps déjà à votre aimable lettre, mais j'attendais pour le faire que ma note sur ma nouvelle pompe destinée à liquéfier l'acide carbonique, éthylène, etc. eût paru dans les *Annales* afin de vous en envoyer un tirage à part. J'apprends que ce travail ne pourra paraître dans le premier numéro.

« M. Debray m'annonce que vous êtes parvenu à liquéfier l'oxygène d'une manière complète. Je suis très heureux de cette bonne nouvelle et je vous adresse toutes mes félicitations. Je ne sais encore quel procédé vous avez employé. Est-ce avec l'éthylène, qui donne un froid si intense? En tous cas dans mes dernières expériences, ainsi que je l'ai fait voir à M. Debray, j'ai obtenu dans mon tube un liquide qui donnait une ébullition lorsqu'on diminuait la pression. Il ne manquait qu'un peu plus de froid pour que le ménisque du liquide soit visible, et je me trouvais pour l'oxygène dans les conditions qui se présentent si souvent lorsqu'on liquéfie CO^2 ou AzO. En tous cas, je suis très heureux de vos succès et les détails de vos expériences m'intéresseront vivement. Je serais encore plus heureux si j'apprenais que c'est au moyen d'appareils semblables aux miens que vous avez pu réussir.

« Agréez, cher Monsieur, toutes mes félicitations et l'assurance de mes sentiments bien dévoués.

Louis Cailletet.

9 avril 1883, Paris. 14, rue Soufflot (2).

(1) Après avoir reçu des commandes de mon appareil pour l'étranger, M. Ducretet m'en envoya le croquis avec la légende explicative suivante :
« Appareil de M. Wroblewski complémentaire de celui de M. Cailletet, construit sur les indications de M. Wroblewski, pour la liquéfaction de l'oxygène, par E. Ducretet et Cᵉ (Fo = 344 (a). » Si cela n'avait été qu'une reproduction de l'appareil de M. Cailletet, M. Ducretet, ne l'aurait pas appelé ainsi.

(2) Je répondis à M. Cailletet, le 18 avril, par la lettre suivante en guise de conso-

En envoyant ma note sur la liquéfaction de l'oxygène à M. Debray, j'écrivis ce qui suit :

« Je vous remercie pour vos félicitations, qui m'ont fait beaucoup de plaisir, et je vous prie d'exprimer à M. Dumas ma plus profonde reconnaissance pour sa bienveillance.

« Je suis très heureux de pouvoir vous envoyer comme le premier signe de vie depuis mon départ de France la petite note ci-jointe, avec la prière de vouloir bien la présenter lundi prochain à l'Académie.

« Comme vous pouvez juger, j'étais bien assidu. J'ai trouvé ici un laboratoire dans un état déplorable. On devait tout organiser et créer avec des moyens bien insuffisants. Mais j'espère bientôt obtenir du gouvernement autrichien une belle dotation, qui me permettra d'exécuter une série de recherches sur une échelle un peu plus large. Les expériences m'occupent chaque jour presque jusqu'à minuit. J'ai à présent un collaborateur très habile, M. Olszewski, professeur de chimie à l'Université. »

---

lation. Le lecteur français excusera la faible connaissance de la langue française qui se trahit dans cette lettre.

« Cher Monsieur,

« Je vous remercie pour votre aimable lettre et pour vos félicitations, qui m'ont causé beaucoup de plaisir. Je conserverai votre lettre comme un souvenir et un titre précieux, puisque non seulement elle a été écrite par un des plus illustres expérimentateurs de notre temps, mais qu'elle dénote encore une hauteur d'esprit bien rare. Vous vous réjouissez, Monsieur, du succès qui devrait vous appartenir en toute justice. C'est le hasard seul qui en a décidé autrement.

« L'histoire de la science liera toujours votre nom avec la liquéfaction des gaz. Vous avez par vos travaux donné la vie à cette partie de physique. De l'état stationnaire, dans lequel elle était plongée, vous l'avez mise dans la voie du progrès énergique où nous la voyons, par vos appareils, vos méthodes, vos travaux et la persévérance avec laquelle vous avez poursuivi votre but. Le succès des expériences exécutées dans mon laboratoire n'amoindrit aucunement la grandeur de vos recherches. Sans vos travaux le mien aurait été impossible. C'est avec votre pompe que nous avons comprimé l'oxygène, et mon appareil, que j'ai fait construire chez M. Ducretet pour étudier les phénomènes de la capillarité des liquides sous des pressions très élevées est toujours dans la partie essentielle le block de votre appareil pour la liquéfaction des gaz, dont tout le monde se sert à présent. M. Ducretet pourra vous en montrer le dessin. Je crois que vous avez vu cet appareil à l'état de construction le mois d'août passé. Je l'ai fait monter au laboratoire à l'Ecole Normale pour le pouvoir montrer à M. Debray avant mon départ de Paris.

« Le nouveau dans ma méthode, c'est l'application du principe du vide. Mais ce principe était déjà appliqué avec un grand succès par M. Natterer à Vienne, il y a quarante ans, au cas de protoxyde d'azote. Il m'a raconté cela il y a quelques semaines.

« Vous avez probablement déjà lu ma note et vous savez aussi probablement que nous avons réussi à voir l'azote liquide. Il s'évapore seulement à la température de —136° trop vite, et nous sommes occupés à présent de la recherche des moyens pour obtenir une température encore plus basse.

« Veuillez, cher Monsieur, agréer, etc. »

Après avoir interrogé M. Debray, sur ce que l'on pensait à l'Ecole Normale au sujet de la direction imprimée à mes travaux, je reçus la lettre dont je publie ici les extraits concernant cette question.

GARANTIE DE PARIS — LABORATOIRE 4, rue Guénégaud, 4

Le 24 avril 1883.

« Mon cher ami,

« Vos communications sur l'oxygène, l'azote et l'oxyde de carbone, ont vivement intéressé l'Académie et aussi le laboratoire de l'Ecole Normale. Nous avons bien regretté un peu que ces expériences, si intéressantes, n'aient pas été faites par M. Cailletet à notre laboratoire; mais notre ami n'a pas la patience et la persévérance que vous mettez dans tous vos travaux. Il a un esprit très ingénieux, mais la méthode scientifique, sans laquelle on n'avance pas, lui fait défaut. Nous nous consolons volontiers en pensant que la question est tombée en bonnes mains qui la conduiront aussi loin que possible, et nous vous envoyons de grand cœur toutes nos félicitations.

« Il faut maintenant que vous déterminiez la densité de l'oxygène liquide. Ne l'aurait-on qu'approximativement, ce serait déjà une chose intéressante. .... A coup sûr, le travail est délicat, mais pas au-dessus des ressources de votre talent.

« Je reste à votre disposition pour vos communications prochaines, et je vous remercie du bon souvenir que vous avez conservé à notre laboratoire; tous ces Messieurs se joignent à moi pour vous envoyer leurs compliments affectueux.

« Votre bien dévoué,

« H. DEBRAY

« P. S. — Faites paraître votre mémoire en allemand et envoyez-m'en une copie que je ferai traduire et insérer dans les *Annales de Chimie et de Physique*.

« H. D. »

Et lorsque j'envoyai la note sur la température qu'on obtient à l'aide de l'oxygène bouillant, je reçus de M. Debray la lettre ci-jointe :

LABORATOIRE
DE CHIMIE

École Normale Supérieure

Paris, le 1er janvier 1884.

« Mon cher ami,

« Votre note a été lue hier à l'Académie et elle a eu le plus vif succès. C'est d'ailleurs un succès bien mérité. Dans toutes vos recherches, vous avez fait preuve d'une grande habileté et d'un esprit de suite bien remarquable. Je vous en fais mon sincère compliment.

« Je suis très touché de votre bon souvenir, nous n'oublierons pas non plus à l'Ecole Normale que vous avez été des nôtres pendant une année, et vos succès nous toucheront toujours, comme si vous étiez encore au milieu de nous. J'espère que nous vous y reverrons un jour; vous y retrouverez votre place quand cela vous fera plaisir,

« Recevez, mon cher ami, avec tous mes souhaits de nouvel an, l'assurance de mes sentiments affectueux et dévoués.

H. DEBRAY.

« On me charge de mille amitiés pour vous au laboratoire. »

Vous avez perdu de vue, Monsieur, que toutes mes notes étaient présentées à l'Académie par M. Debray, qui me couvrait en quelque sorte de son nom, ce qui aurait dû vous suffire.

Dans mes notes ainsi que dans mon mémoire, à chaque ligne, je me suis donné la peine de relever les mérites et les services rendus par M. Cailletet. Selon moi, Monsieur, le savant assez heureux pour opérer des découvertes doit mettre sa gloire à faire valoir, moins ses propres mérites que ceux des autres travailleurs dont il provoque l'initiative et prépare le succès. Voilà pourquoi dans mes mémoires j'ai nommé toutes les personnes qui m'ont aidé, tant comme collaborateurs que comme aide-préparateurs ou mécaniciens, en rendant à chacun la part d'éloges qu'il méritait.

Et ce que vous m'avez dit l'année dernière, à savoir que mon mémoire avait trouvé une approbation générale, s'accordait parfaitement avec l'opinion dominante, à l'époque où vous émettiez cette affirmation.

M. Cailletet lui-même partageait à ce moment cet avis, lorsque, dans la séance du 4 février 1884, où on donna lecture de ma note sur l'hydrogène, il fit un éloge éloquent de mes travaux.

Au mois de février 1884, j'écrivis à M. Debray :

..... « Pour pouvoir arriver à la solution définitive de la question (1). il faudrait maintenant procéder autrement : construire des appareils nouveaux basés sur les résultats fournis par ces recherches ; simplifier, à l'aide de moyens plus considérables, les méthodes et les manipulations qui sont encore trop compliquées. C'est à présent le tour de M. Cailletet d'exécuter tout cela.

« Quant à moi, je suis très fatigué et dois suspendre pour quelque temps toutes ces expériences.

« Au mois de mars, je ferai une excursion en Allemagne et pousserai jusqu'à Paris. Ce sera une grande joie que de vous voir et de vous présenter de vive voix les témoignages des sentiments bien connus d'affection respectueuse et de reconnaissance ».

IV

Je comprenais parfaitement que la liquéfaction des gaz, opérée par un autre que lui, devait blesser une ambition aussi vaste que celle de M. Cailletet ; je ne me serais pas attendu à le trouver dans l'état d'abattement où je le vis à Paris en avril 1884.

Dans la séance de l'Académie du 19 novembre 1883, il déclarait encore qu'il venait de construire des appareils continus à l'aide desquels il était sûr d'obtenir l'oxygène liquide en grandes quantités. Ses appareils étant terminés, il crut devoir les faire connaître dès lors à l'Académie, afin de se

(1) La liquéfaction complète de l'hydrogène.

réserver le temps nécessaire pour entreprendre de nombreuses expériences.

Quelques semaines après parut, dans le *Temps* du 11 décembre 1883, un article où l'on parlait des découvertes futures de M. Cailletet (1). Je pensai toutefois que M. Cailletet avait réalisé quelque progrès important, et je me hâtais de publier une note sur la température qu'on obtient à l'aide de l'oxygène bouillant. Et, en envoyant ma note à M. Debray, j'ajoutai que si M. Cailletet parvient à obtenir l'oxygène en grandes quantités à l'état statique sous la pression d'une atmosphère, ce sera une chose de la plus haute importance.

Lorsque je demandai, à Paris, à M. Cailletet où il en était avec ses appareils, il me répondit que l'oxygène n'avait pas voulu couler.

C'était donc un nouvel échec.

Mais examinons plutôt quelle a été ma conduite vis-à-vis de lui.

Lorsque je me présentai à la séance de la Société de physique, M. Joubert m'avertit qu'il me prierait de communiquer au cours de la séance, à la Société, mes dernières recherches. Pour ne pas blesser l'amour-propre de M. Cailletet qui se trouvait là, je quittai la salle avant que M. Joubert eût pu me réitérer son invitation. Je suivis ensuite la même ligne de conduite en refusant les offres de M. Bianchi, qui me proposait son bienveillant concours pour montrer à la Société de physique l'oxygène liquide.

Je me suis donné toute la peine du monde pour convaincre M. Cailletet que les recherches relatives aux gaz liquéfiés suffiraient encore à l'activité de quantité de savants pendant au moins dix ans et qu'il pouvait encore se flatter de nouveaux succès dans cette voie.

---

(1) L'auteur de cet article s'exprime ainsi à ce sujet :

« Voilà un appareil très puissant et très ingénieux pour la production de très basses températures; il n'y a pas de limite pour ainsi dire aux expériences qu'il permettra de tenter. M. Cailletet s'en promet un moyen d'obtenir par exemple l'oxygène liquide en très grandes quantités; et il espère, en profitant du froid excessif que donne la détente de ce gaz liquéfié, obtenir enfin la condensation de l'hydrogène. S'il y réussit, il aura résolu un problème considéré jusqu'ici comme insoluble. Mais, en dehors de cette question spéciale, que de curieuses recherches ne lui sera-t-il pas permis de faire en étudiant une quantité de phénomènes à des températures jusqu'ici inconnues! On ne peut donc que l'encourager fortement à persévérer dans une voie qui promet d'être extrêmement féconde. »

Je présentai alors à l'Académie ma note sur la température d'ébullition de l'oxygène, de l'azote, de l'oxyde de carbone et de l'air sous la pression atmosphérique. Je montrai dans cette note que l'utilisation de ces gaz comme moyens réfrigérants ne présentait dès à présent aucune difficulté au point de vue technique, et que l'échelle des expériences ne dépendait que des moyens matériels mis à la disposition de l'expérimentateur (1).

J'ai encouragé M. Cailletet à continuer ses essais avec les appareils continus et je lui ai donné des conseils sur ce qui, dans ses points de vue, me paraissait défectueux et avait occasionné la non réussite de ses expériences. Ces expériences devaient être fort coûteuses, et M. Cailletet disposait de ressources qui lui auraient permis de les mener à bonne fin s'il avait eu seulement quelque patience.

Aussi, M. Cailletet venait-il me voir, et, le carnet en main, notait chaque explication qu'il désirait obtenir de moi, et que je lui donnai volontiers sans aucune réserve.

M. Cailletet me proposa alors de venir passer un an à Paris, de l'accepter comme collaborateur, et de terminer ensemble ces recherches.

Je n'acceptai pas cette ouverture, et, à partir de ce moment, l'attitude de M. Cailletet vis-à-vis de moi changea singulièrement.

A peine ma note sur la température d'ébullition paraissait-elle dans les *Comptes rendus*, que M. Tissandier insérait dans la *Nature* un article où il essayait d'attribuer les résultats obtenus par moi, à M. Cailletet en déclarant que « l'exécution de ces magnifiques expériences et la con-« struction des appareils qui ont permis de les réaliser, font le plus grand « honneur à leur auteur (c'est-à-dire à M. Cailletet); que les travaux de « M. Cailletet ont ouvert de nouveaux horizons à la science pure et ne « manqueront pas d'être féconds en résultats pratiques pour la science « appliquée. »

(1) Le lecteur trouvera dans mon mémoire publié par l'Académie de Vienne, la description complète de mes appareils et de mes méthodes sur l'emploi de ces gaz bouillants, soit dans le vide, soit sous la pression atmosphérique, comme moyens réfrigérants.

En même temps parurent, dans la presse parisienne, divers articles attaquant ma personne, mes recherches, et essayant de jeter du discrédit sur mes travaux.

Il n'y avait qu'un pas à faire pour voir M. Cailletet se déclarer ouvertement contre moi.

L'occasion, d'ailleurs, ne tarda pas à se présenter.

Après avoir proclamé dans mon mémoire les mérites de M. Cailletet, j'avais voulu rendre également justice aux services éminents rendus par M. Raoul Pictet. Aussi dans mon mémoire sur la densité de l'oxygène liquide, remis avant mon départ de Paris, à la rédaction des *Annales de Chimie et de Physique*, j'ai démontré que sans contredit M. Pictet est le premier qui ait obtenu l'oxygène à l'état d'un liquide statique (1). Dans cette question la vanité de M. Cailletet fut blessée.

A tout cela vint encore s'ajouter la question de l'emploi du formène, comme moyen réfrigérant. N'ayant pu obtenir la plus petite quantité d'oxygène liquide avec ses appareils continus, M. Cailletet eut recours au formène. Dans la note présentée à l'Académie dans la séance du 30 juin 1884, M. Cailletet déclare qu'il a trouvé un corps au moyen duquel il peut liquéfier presque d'emblée l'oxygène sans être assujetti à l'emploi des machines pneumatiques destinées à abaisser la température d'ébullition du liquide réfrigérant. Il s'empresse d'annoncer à l'Académie ses premiers résultats afin de « prendre date ». Il a oublié seulement de mentionner que tout cela avait été l'objet d'une conversation entre nous deux, en avril 1884, et que je lui avais communiqué les résultats de mes expériences sur le formène. D'un autre côté, ce que M. Cailletet disait dans cette note était très exagéré. Et de plus, la liquéfaction de l'oxygène, à l'aide du formène, n'est pas une simplification de tout le procédé et rend la liquéfaction de l'oxygène quatre fois plus coûteuse qu'à l'aide de l'éthylène ; l'oxygène refroidi par le formène bouillant sous la pression atmosphé-

(1) Depuis, les expériences de M. Dewar ont confirmé de la manière la plus éclatante ces conclusions. Car M. Dewar vient d'obtenir l'oxygène liquide en évaporant, comme M. Pictet l'acide carbonique dans le vide.

rique ne se liquéfie pas presque d'emblée, puisqu'on doit le comprimer encore jusqu'à dix atmosphères afin de pouvoir le liquéfier. Evidemment M. Cailletet ne visait qu'à l'effet qu'il produirait sur le public.

Aussi après avoir lu sa note et sans aucune velléité de polémique, j'écrivis une note sur les propriétés du formène liquide. J'y ai communiqué la densité du formène liquide, les nombres concernant les points critiques, les tensions de vapeur à diverses températures et enfin la température d'ébullition du formène sous la pression atmosphérique, c'est-à-dire tout ce qui manquait dans la note de M. Cailletet et qu'il ne pouvait pas définir. Je ne fis dans cette note que la remarque suivante :

« Pendant mon dernier séjour à Paris, au mois d'avril, M. Cailletet a eu l'obligeance de me dire qu'il a également étudié le gaz des marais pour l'utiliser comme réfrigérant. »

Personne ne pourra prétendre que cette remarque renferme une réclamation de priorité. M. Debray a donné lecture de cette note à l'Académie, dans la séance du 21 juillet.

M. Cailletet crut qu'il n'avait plus besoin d'agir en silence et qu'il pouvait enfin se déclarer ouvertement contre moi. C'est ce qu'il fit à la séance du 4 avril, en déclarant que j'avais présenté une réclamation qu'il pouvait *mettre à néant*. Il demanda alors l'ouverture d'un pli cacheté déposé le 12 décembre 1881, et il eut tort, car il prouva de la sorte qu'il se laissait aller à décrire des expériences supposées par lui possibles, mais nullement accomplies.

Examinons tout cela de plus près. Dans cette note il s'exprime ainsi :

« *Au moyen d'une pompe à piston plongeur* recouvert de mercure, ce qui permet d'éviter toute rentrée d'air et tous les espaces nuisibles, *je peux obtenir la liquéfaction de grandes quantités*, non-seulement d'acide carbonique, de protoxyde d'azote, mais encore de *formène* et d'éthylène, dont les points critiques sont très inférieurs à ceux de l'acide carbonique. »

Or, il est facile de démontrer que ces assertions sur le formène n'étaient que des expériences imaginaires, et voici comment :

La température critique du formène se trouve, d'après mes expériences, à —73,5 C. (et à 56,8 atmosphères), et, d'après les expériences récentes de M. Dewar, à—97,5 C. à la pression de 50 atmosphères. On ne peut donc obtenir du formène liquide en grandes quantités qu'à l'aide de l'acide carbonique ou à l'aide de l'éthylène. Ainsi, pour obtenir du formène liquide à l'aide de la pompe de M. Cailletet, on doit plonger le récipient en fer de cette pompe pendant plusieurs heures, soit dans de l'acide carbonique solide, soit dans de l'éthylène bouillant sous la pression atmosphérique. M. Cailletet n'avait pas à sa disposition une si grande quantité d'acide carbonique, puisque la production industrielle de ce corps (brevet et système Raydt-Kunhein) n'a été introduite en France qu'en 1883, tandis que le pli cacheté de M. Cailletet avait été déposé à l'Académie le 11 décembre 1881. Quant à l'éthylène, il n'a pu obtenir en 1882, pendant ses expériences à l'École Normale, que quelques centimètres cubes. Il est clair qu'avec ces quantités minimes il ne pouvait liquéfier le formène dans le récipient en fer de sa pompe. D'un autre côté, s'il eût pu en 1881 disposer de grandes quantités de formène, il eût aussitôt liquéfié à l'aide du formène l'oxygène, lorsqu'il échoua dans ses essais avec l'éthylène. Son pli cacheté prouve donc qu'il ne fit que penser en 1881 au formène. Mais agir et penser, ce sont deux choses toutes différentes. L'honneur d'avoir proposé le formène comme moyen réfrigérant revient donc à M. Dewar (séance de la *British Association* 1883).

Dans sa note insérée aux *Comptes rendus*, M. Cailletet eut soin de ne pas décrire les moyens par lesquels il obtient le formène en grandes quantités. Mais M. Meunier vient cette fois à mon secours. Je trouve dans *La Nature* du 5 juillet 1884 les lignes suivantes :

> Il semble que M. Cailletet vient de perfectionner définitivement les méthodes de liquéfaction de l'oxygène... L'auteur commence, *à l'aide de l'acide carbonique* solide et de la pression, par liquéfier de l'éthylène. Par l'intermédiaire de celui-ci, il liquéfie du formène, et c'est à l'aide du froid dégagé par la vaporisation du formène qu'il amène enfin l'oxygène à prendre l'état liquide.

C'est précisément la méthode de se servir de l'éthylène que M. Cailletet a trouvée dans mon mémoire sur la liquéfaction de l'oxygène publié en 1883 (1).

D'un autre côté, M. Cailletet se plaça ouvertement en protecteur des notes contenant des polémiques dirigées contre moi et auxquelles je ne crus pas digne de répondre.

L'honneur du dernier coup dans cette campagne devait, Monsieur, vous appartenir.

On aurait dû porter ce coup devant tout le monde scientifique. Mais, comme dans les journaux scientifiques, la chose n'aurait pas réussi, on a choisi la *Revue* la plus lue, la plus répandue dans le monde entier et pour juge on a choisi le public, qui, à votre avis, ne comprend rien à l'affaire et, qui, ébloui par votre éloquence et par l'autorité de la place que vous occupez, place où l'on était accoutumé à voir jusqu'à nos jours les premières gloires scientifiques de la France, vous ajoutait foi.

C'est ce que vous avez fait. Et vous n'avez pas rendu par là service à la science française.

Vous avez provoqué un scandale inouï dans la science moderne et qui ne vous méritera pas même la reconnaissance de M. Cailletet.

La publication de la lettre de Dumas, lettre qui se trouve pleinement contredite par les documents précités et par son attitude dans toute cette affaire, n'a eu d'autre résultat que de jeter une ombre sur la conduite pleine de franchise de cet homme illustre.

Vous vous imaginez peut-être que le monde scientifique se prononcera en votre faveur. Quant à moi, j'attends son verdict avec calme.

Dans les questions scientifiques, il est de règle d'analyser les faits et de ne se laisser influencer ni par un chauvinisme déplacé, ni par une creuse phraséologie.

Cracovie, avril 1885.

(1) Neuf mois se sont écoulés depuis l'apparition de la note de M. Cailletet. Jusqu'à présent rien de nouveau n'a été signalé. Devons-nous encore attendre longtemps?

www.ingramcontent.com/pod-product-compliance
Ingram Content Group UK Ltd.
Pitfield, Milton Keynes, MK11 3LW, UK
UKHW020112240726
13926UKWH00011B/209